Subtract to solve each problem. Use the
Color the picture.

a. 90 − 10 = _____

b. 90 − 11 = _____

c. 90 − 12 = _____

d. 90 − 13 = _____

e. 90 − 14 = _____

f. 90 − 15 = _____

g. 90 − 16 = _____

h. 90 − 17 = _____

i. 90 − 18 = _____

j. 90 − 19 = _____

k. 90 − 20 = _____

© Teacher Created Materials, Inc.   #2254 Subtraction Practice Double Digits

Subtract to solve each problem. Use the dots to help you. Color the picture.

a. 80 − 10 = _____

b. 80 − 11 = _____

c. 80 − 12 = _____

d. 80 − 13 = _____

e. 80 − 14 = _____

f. 80 − 15 = _____

g. 80 − 16 = _____

h. 80 − 17 = _____

i. 80 − 18 = _____

j. 80 − 19 = _____

k. 80 − 20 = _____

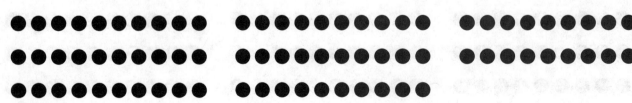

#2254 Subtraction Practice Double Digits   © Teacher Created Materials, Inc.

Subtract to solve each problem. Use the dots to help you. Color the picture.

a. 70 − 10 = _____

b. 70 − 11 = _____

c. 70 − 12 = _____

d. 70 − 13 = _____

e. 70 − 14 = _____

f. 70 − 15 = _____

g. 70 − 16 = _____

h. 70 − 17 = _____

i. 70 − 18 = _____

j. 70 − 19 = _____

k. 70 − 20 = _____

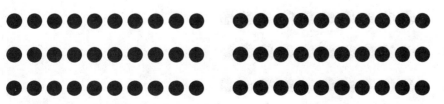

Subtract to solve each problem. Use the dots to help you. Color the picture.

a. 60 − 10 = ____

b. 60 − 11 = ____

c. 60 − 12 = ____

d. 60 − 13 = ____

e. 60 − 14 = ____

f. 60 − 15 = ____

g. 60 − 16 = ____

h. 60 − 17 = ____

i. 60 − 18 = ____

j. 60 − 19 = ____

k. 60 − 20 = ____

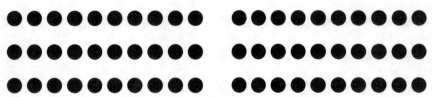

Subtract to solve each problem. Use the dots to help you. Color the picture.

a. 50 − 10 = ____

b. 50 − 11 = ____

c. 50 − 12 = ____

d. 50 − 13 = ____

e. 50 − 14 = ____

f. 50 − 15 = ____

g. 50 − 16 = ____

h. 50 − 17 = ____

i. 50 − 18 = ____

j. 50 − 19 = ____

k. 50 − 20 = ____

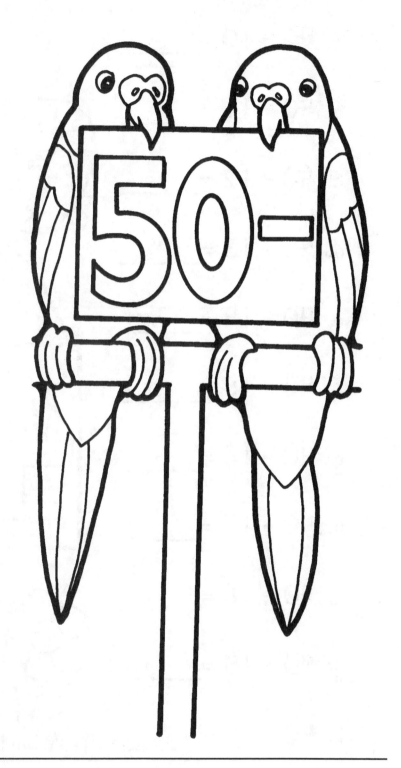

Subtract to solve each problem. Use the dots to help you. Color the picture.

a. 40 − 10 = ____

b. 40 − 11 = ____

c. 40 − 12 = ____

d. 40 − 13 = ____

e. 40 − 14 = ____

f. 40 − 15 = ____

g. 40 − 16 = ____

h. 40 − 17 = ____

i. 40 − 18 = ____

j. 40 − 19 = ____

k. 40 − 20 = ____

#2254 Subtraction Practice Double Digits © Teacher Created Materials, Inc.

Subtract to solve each problem. Use the dots to help you. Color the picture.

a. 30 − 10 = _____

b. 30 − 11 = _____

c. 30 − 12 = _____

d. 30 − 13 = _____

e. 30 − 14 = _____

f. 30 − 15 = _____

g. 30 − 16 = _____

h. 30 − 17 = _____

i. 30 − 18 = _____

j. 30 − 19 = _____

k. 30 − 20 = _____

© Teacher Created Materials, Inc.   7   #2254 Subtraction Practice Double Digits

Subtract to solve each problem. Use the dots to help you. Color the picture.

a. 20 − 10 = ____

b. 20 − 11 = ____

c. 20 − 12 = ____

d. 20 − 13 = ____

e. 20 − 14 = ____

f. 20 − 15 = ____

g. 20 − 16 = ____

h. 20 − 17 = ____

i. 20 − 18 = ____

j. 20 − 19 = ____

k. 20 − 20 = ____

Draw a line to match each problem to its answer.

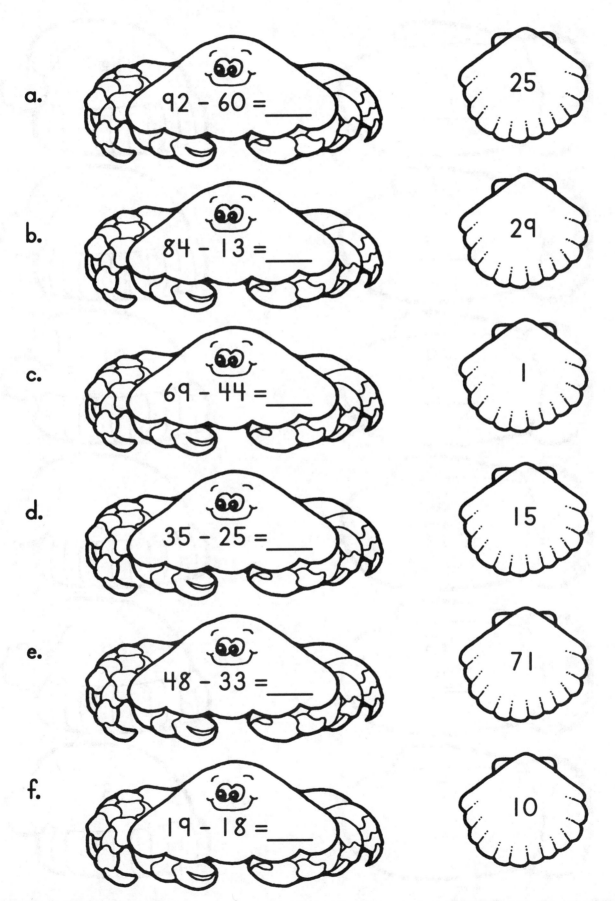

a. 92 − 60 = ___   25

b. 84 − 13 = ___   29

c. 69 − 44 = ___   1

d. 35 − 25 = ___   15

e. 48 − 33 = ___   71

f. 19 − 18 = ___   10

Draw a line to match each problem to its answer.

a. 74 − 52

b. 94 − 29

c. 59 − 41

d. 30 − 17

e. 45 − 24

f. 21 − 21

18

22

21

0

65

13

#2254 Subtraction Practice Double Digits

Draw a line to match each problem to its answer.

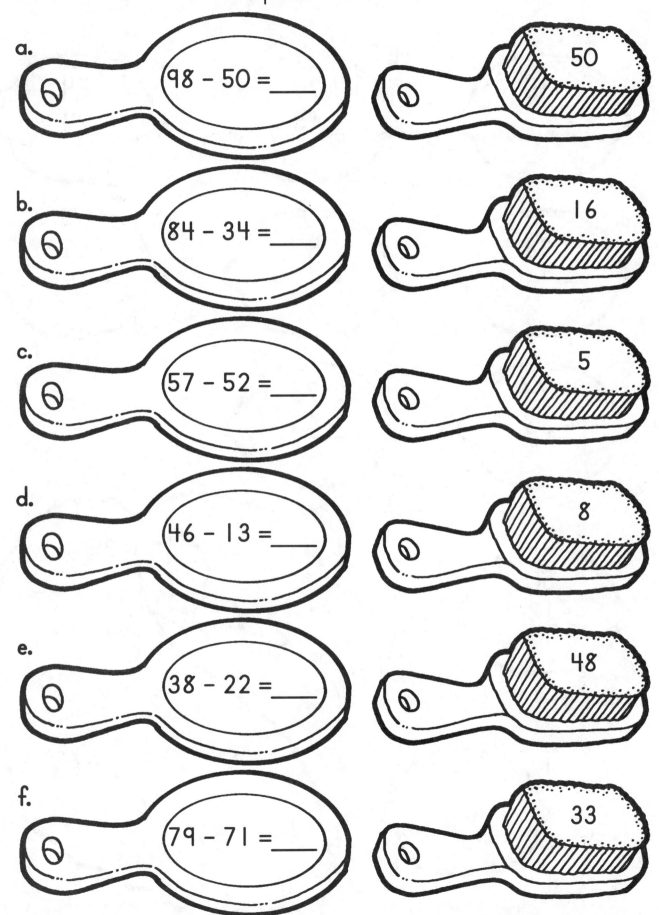

a. 98 − 50 = ___   50

b. 84 − 34 = ___   16

c. 57 − 52 = ___   5

d. 46 − 13 = ___   8

e. 38 − 22 = ___   48

f. 79 − 71 = ___   33

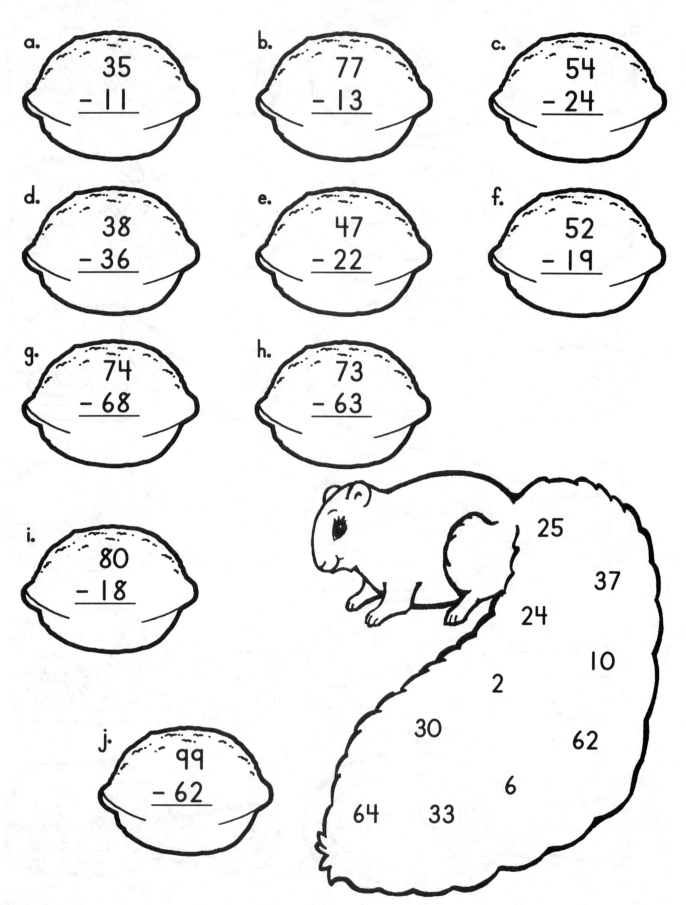

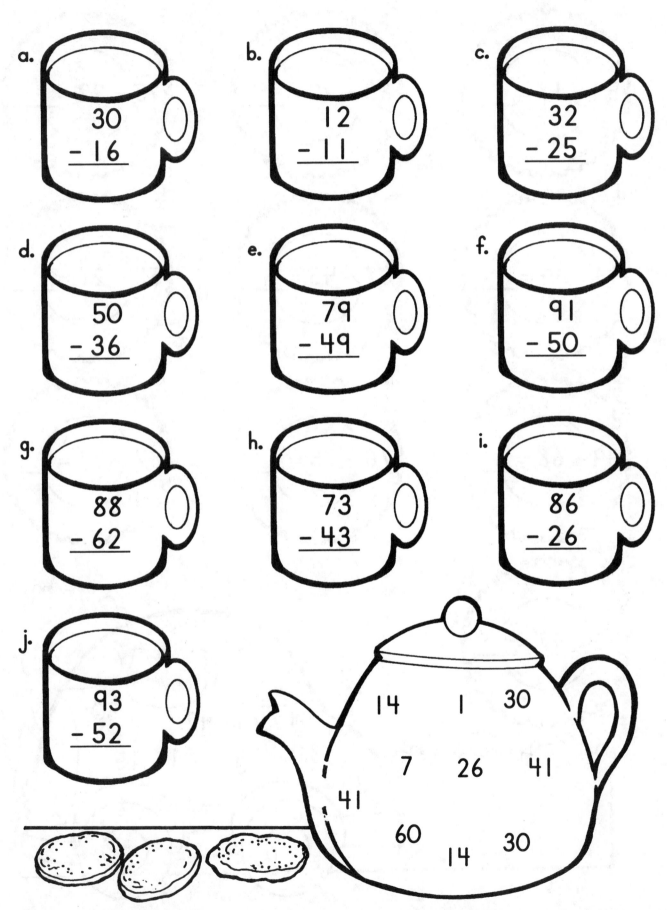

Cross out each answer in the car as you solve the problems.

a. 59 − 18 = ____

b. 83 − 22 = ____

c. 25 − 22 = ____

d. 49 − 34 = ____

e. 87 − 45 = ____

f. 53 − 21 = ____

g. 99 − 68 = ____

h. 76 − 75 = ____

i. 87 − 24 = ____

j. 92 − 42 = ____

41 61 42   50
 31   1 15
32   3
         63

#2254 Subtraction Practice Double Digits

Cross out each answer in the mitt as you solve the problems.

a. 60 − 48

b. 72 − 13

c. 32 − 23

d. 45 − 32

e. 61 − 15

f. 58 − 29

g. 79 − 72

h. 79 − 46

i. 27 − 15

j. 94 − 28

Mitt numbers: 59, 13, 9, 29, 7, 12, 46, 33, 12, 66

Help the mother kangaroo find its baby. Solve the problems. Draw a line from the mother to the baby with the answer of 23. Color the mother kangaroo.

42 − 13

34 − 11

54 − 20

26 − 13

23

27 − 12

48 − 29

Help the boy find his yo-yo. Solve the problems. Draw a line from the boy to the yo-yo with the answer of 16. Color the boy.

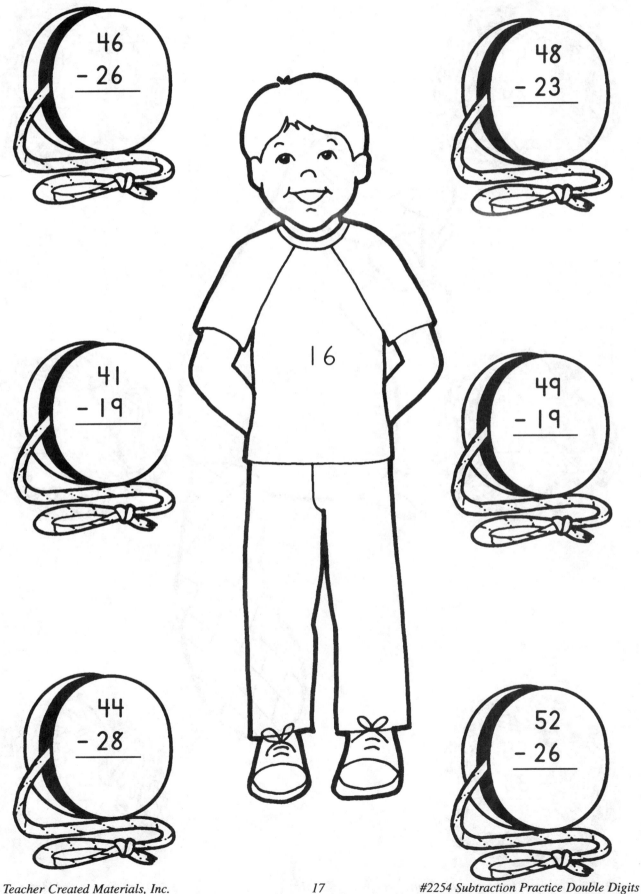

Help the beaver find its dam. Solve the problems. Draw a line from the beaver to the dam with the answer of 22. Color the beaver.

Help the lightning find its cloud. Solve the problems. Draw a line from the lightning to the cloud with the answer of 51. Color the lightning bolt.

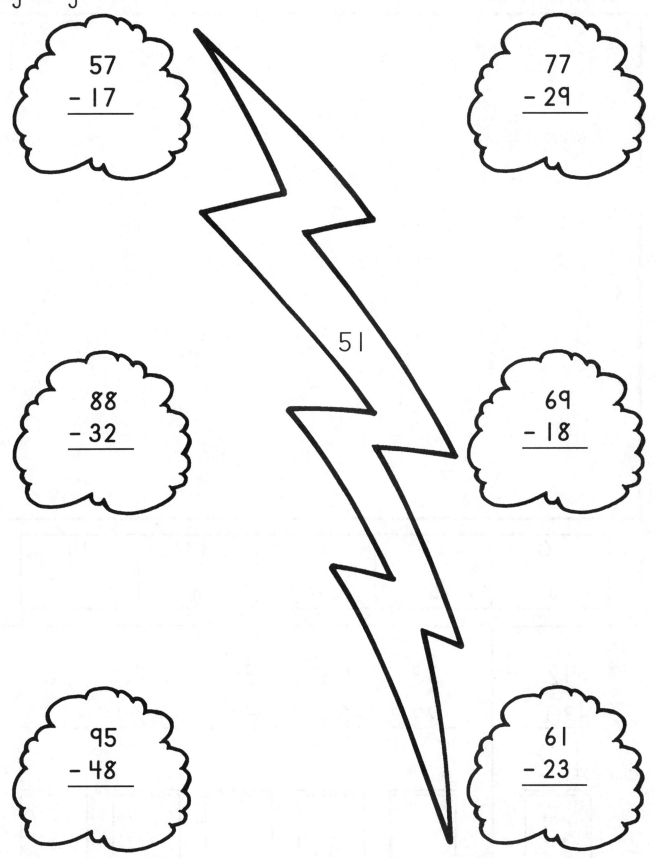

Guess what is in the box. Find the answers. Then write the letter in each box that matches each answer. Read the word you spell and draw it in the box.

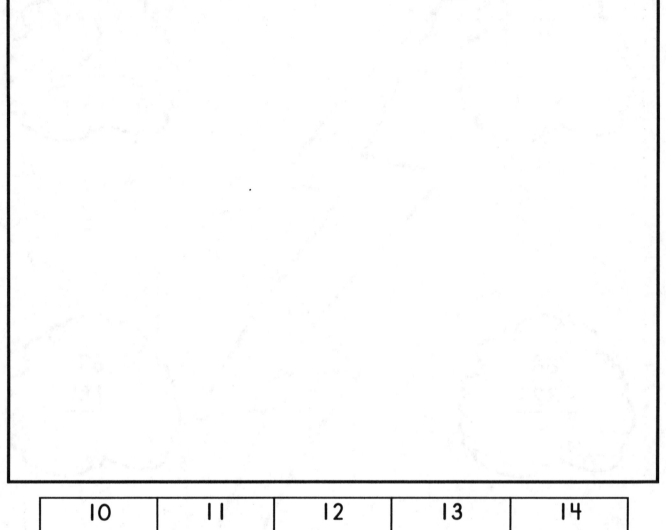

10	11	12	13	14
j	b	a	n	o

```
  42      33     46     54     77     28
 -30     -22    -34    -41    -67    -14
 ---     ---    ---    ---    ---    ---
  12
```

Guess what is in the box. Find the answers. Then write the letter in each box that matches each answer. Read the word you spell and draw it in the box.

20	21	22	23	24	25
g	e	a	t	i	r

44	56	50	62	75	74
-22	-33	-26	-42	-54	-49
22					

Guess what is in the box. Find the answers. Then write the letter in each box that matches each answer. Read the word you spell and draw it in the box.

35	36	37	38	39	40
a	c	j	e	k	t

```
   75      75    92    58    72    99    87
  -40     -38   -57   -22   -33   -61   -47
   35
```

Find the answers. Color the pictures.

| 25 = orange | 30 = green | 35 = yellow |
| 40 = purple | | 45 = blue |

Find the answers. Color the pictures.

| 41 = yellow | 46 = red | 51 = blue |
| 56 = green | 61 = brown | |

67 − 21 = ___

98 − 42 = ___

72 − 21 = ___

89 − 28 = ___

86 − 30 = ___

99 − 48 = ___

95 − 34 = ___

76 − 30 = ___

69 − 23 = ___

#2254 Subtraction Practice Double Digits © Teacher Created Materials, Inc.

Read each word problem. Write the number sentence it shows. Find the difference.

a

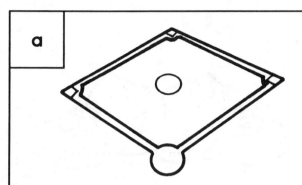

At the first baseball game of the season, 84 fans came to watch. During the second game, there were 72 fans. How many fewer fans came to watch the second game?

84 − 72 = 12

b

Kim had 32 dolls in her collection. She gave away 21 dolls. How many did she have left?

c

Mr. Jones is 52 years old. Mrs. Harris is 49. What is the difference in their ages?

d

Casey has 95 coins in her collection. Alice has 76. What is the difference between the number of coins each has?

Read each word problem. Write the number sentence it shows. Find the difference.

a

Farmer Cole raised 93 bushels of wheat. Farmer Dale raised 68 bushels. What is the difference in the number of bushels each raised?

93 − 68 = 25

b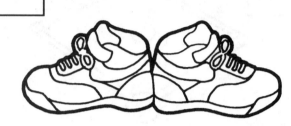

Dennis scored 43 points in his basketball game. Claire scored 40. What is the difference in points each earned?

c

Jason bought a pair of shoes for 53 dollars. Clark bought a pair for 28 dollars. What is the difference paid?

d

Jill counted 83 ants near an ant hill. Jack counted 62. What is the difference in the ants counted?

#2254 Subtraction Practice Double Digits — © Teacher Created Materials, Inc.

Find the differences.

a. 49 − 28	g. 74 − 72	m. 74 − 68	s. 97 − 50
b. 97 − 35	h. 50 − 22	n. 38 − 15	t. 45 − 29
c. 30 − 16	i. 41 − 32	o. 45 − 29	u. 34 − 17
d. 56 − 26	j. 37 − 30	p. 79 − 32	v. 74 − 19
e. 40 − 33	k. 72 − 53	q. 60 − 14	w. 28 − 28
f. 86 − 56	l. 77 − 70	r. 86 − 16	x. 55 − 54

Find the differences.

a. 51 − 50	g. 69 − 12	m. 69 − 16	s. 36 − 13
b. 64 − 42	h. 72 − 38	n. 71 − 59	t. 89 − 80
c. 94 − 23	i. 48 − 18	o. 68 − 13	u. 51 − 17
d. 27 − 10	j. 52 − 11	p. 96 − 41	v. 91 − 19
e. 78 − 52	k. 19 − 15	q. 82 − 30	w. 46 − 31
f. 67 − 14	l. 62 − 31	r. 93 − 90	x. 87 − 43

Find the differences.

a. 31 -23	g. 79 -32	m. 85 -21	s. 69 -37
b. 75 -42	h. 57 -51	n. 51 -20	t. 98 -34
c. 54 -23	i. 88 -44	o. 42 -28	u. 87 -28
d. 42 -26	j. 63 -23	p. 71 -56	v. 69 -43
e. 88 -26	k. 86 -14	q. 36 -32	w. 46 -41
f. 61 -33	l. 53 -32	r. 97 -60	x. 77 -63

Find the differences.

a. 57 − 47	g. 72 − 12	m. 71 − 59	s. 79 − 54
b. 75 − 23	h. 88 − 24	n. 30 − 18	t. 95 − 48
c. 53 − 17	i. 84 − 19	o. 42 − 38	u. 77 − 70
d. 49 − 26	j. 92 − 14	p. 86 − 63	v. 44 − 16
e. 62 − 56	k. 65 − 36	q. 96 − 45	w. 36 − 24
f. 63 − 33	l. 42 − 30	r. 61 − 15	x. 73 − 30

Answer Key

Page 1
a. 80
b. 79
c. 78
d. 77
e. 76
f. 75
g. 74
h. 73
i. 72
j. 71
k. 70

Page 2
a. 70
b. 69
c. 68
d. 67
e. 66
f. 65
g. 64
h. 63
i. 62
j. 61
k. 60

Page 3
a. 60
b. 59
c. 58
d. 57
e. 56
f. 55
g. 54
h. 53
i. 52
j. 51
k. 50

Page 4
a. 50
b. 49
c. 48
d. 47
e. 46
f. 45
g. 44
h. 43
i. 42
j. 41
k. 40

Page 5
a. 40
b. 39
c. 38
d. 37
e. 36
f. 35
g. 34
h. 33
i. 32
j. 31
k. 30

Page 6
a. 30
b. 29
c. 28
d. 27
e. 26
f. 25
g. 24
h. 23
i. 22
j. 21
k. 20

Page 7
a. 20
b. 19
c. 18
d. 17
e. 16
f. 15
g. 14
h. 13
i. 12
j. 11
k. 10

Page 8
a. 10
b. 9
c. 8
d. 7
e. 6
f. 5
g. 4
h. 3
i. 2
j. 1
k. 0

Page 9
a. 92 − 60 = 32
b. 84 − 13 = 71
c. 69 − 44 = 25
d. 35 − 25 = 10
e. 48 − 33 = 15
f. 19 − 18 = 1

Page 10
a. 74 − 52 = 22
b. 94 − 29 = 65
c. 59 − 41 = 18
d. 30 − 17 = 13
e. 45 − 24 = 21
f. 21 − 21 = 0

Page 11
a. 98 − 50 = 48
b. 84 − 34 = 50
c. 57 − 52 = 5
d. 46 − 13 = 33
e. 38 − 22 = 16
f. 79 − 71 = 8

Page 12
a. 35 − 11 = 24
b. 77 − 13 = 64
c. 54 − 24 = 30
d. 38 − 36 = 2
e. 47 − 22 = 25
f. 52 − 19 = 33
g. 74 − 68 = 6
h. 73 − 63 = 10
i. 80 − 18 = 62
j. 99 − 62 = 37

Page 13
a. 30 − 16 = 14
b. 12 − 11 = 1
c. 32 − 25 = 7
d. 50 − 36 = 14
e. 79 − 49 = 30
f. 91 − 50 = 41
g. 88 − 62 = 26
h. 73 − 43 = 30
i. 86 − 26 = 60
j. 93 − 52 = 41

Page 14
a. 59 − 18 = 41
b. 83 − 22 = 61
c. 25 − 22 = 3
d. 49 − 34 = 15
e. 87 − 45 = 42
f. 53 − 21 = 32
g. 99 − 68 = 31
h. 76 − 75 = 1
i. 87 − 24 = 63
j. 92 − 42 = 50

Page 15
a. 60 − 48 = 12
b. 72 − 13 = 59
c. 32 − 23 = 9
d. 45 − 32 = 13
e. 61 − 15 = 46
f. 58 − 29 = 29
g. 79 − 72 = 7
h. 79 − 46 = 33
i. 27 − 15 = 12
j. 94 − 28 = 66

Page 16
42 − 13 = 29
54 − 20 = 34
27 − 12 = 15
34 − 11 = 23
26 − 13 = 13
48 − 29 = 19

Page 17
46 − 26 = 20
41 − 19 = 22
44 − 28 = 16
48 − 23 = 25
49 − 19 = 30
52 − 26 = 26

Page 18
49 − 26 = 23
68 − 47 = 21

Answer Key (cont.)

55 - 33 = 22
47 - 35 = 12
70 - 50 = 20
65 - 24 = 41

Page 19
57 - 17 = 40
88 - 32 = 56
95 - 48 = 47
77 - 29 = 48
69 - 18 = 51
61 - 23 = 38

Page 20
42 - 30 = 12 (a)
33 - 22 = 11 (b)
46 - 34 = 12 (a)
54 - 41 = 13 (n)
77 - 67 = 10 (j)
28 - 14 = 14 (o)
a banjo

Page 21
44 - 22 = 22 (a)
56 - 33 = 23 (t)
50 - 26 = 24 (i)
62 - 42 = 20 (g)
75 - 54 = 21 (e)
74 - 49 = 25 (r)
a tiger

Page 22
75 - 40 = 35 (a)
75 - 38 = 37 (j)
92 - 57 = 35 (a)
58 - 22 = 36 (c)
72 - 33 = 39 (k)
99 - 61 = 38 (e)
87 - 47 = 40 (t)
a jacket

Page 23
98 - 53 = 45 (blue)
87 - 57 = 30 (green)
72 - 32 = 40 (purple)
75 - 50 = 25 (orange)
88 - 53 = 35 (yellow)
92 - 52 = 40 (purple)

61 - 31 = 30 (green)
67 - 32 = 35 (yellow)
58 - 33 = 25 (orange)

Page 24
67 - 21 = 46 (red)
98 - 42 = 56 (green)
72 - 21 = 51 (blue)
89 - 28 = 61 (brown)
86 - 30 = 56 (green)
99 - 48 = 51 (blue)
95 - 34 = 61 (brown)
76 - 30 = 46 (red)
69 - 23 = 46 (red)

Page 25
a. 84 - 72 = 12
b. 32 - 21 = 11
c. 52 - 49 = 3
d. 95 - 76 = 19

Page 26
a. 93 - 68 = 25
b. 43 - 40 = 3
c. 53 - 28 = 25
d. 83 - 62 = 21

Page 27
a. 49 - 28 = 21
b. 97 - 35 = 62
c. 30 - 16 = 14
d. 56 - 26 = 30
e. 40 - 33 = 7
f. 86 - 56 = 30
g. 74 - 72 = 2
h. 50 - 22 = 28
i. 41 - 32 = 9
j. 37 - 30 = 7
k. 72 - 53 = 19
l. 77 - 70 = 7
m. 74 - 68 = 6
n. 38 - 15 = 23
o. 45 - 29 = 16
p. 79 - 32 = 47
q. 60 - 14 = 46
r. 86 - 16 = 70

s. 97 - 50 = 47
t. 45 - 29 = 16
u. 34 - 17 = 17
v. 74 - 19 = 55
w. 28 - 28 = 0
x. 55 - 54 = 1

Page 28
a. 51 - 50 = 1
b. 64 - 42 = 22
c. 94 - 23 = 71
d. 27 - 10 = 17
e. 78 - 52 = 26
f. 67 - 14 = 53
g. 69 - 12 = 57
h. 72 - 38 = 34
i. 48 - 18 = 30
j. 52 - 11 = 41
k. 19 - 15 = 4
l. 62 - 31 = 31
m. 69 - 16 = 53
n. 71 - 59 = 12
o. 68 - 13 = 55
p. 96 - 41 = 55
q. 82 - 30 = 52
r. 93 - 90 = 3
s. 36 - 13 = 23
t. 89 - 80 = 9
u. 51 - 17 = 34
v. 91 - 19 = 72
w. 46 - 31 = 15
x. 87 - 43 = 44

Page 29
a. 31 - 23 = 8
b. 75 - 42 = 33
c. 54 - 23 = 31
d. 42 - 26 = 16
e. 88 - 26 = 62
f. 61 - 33 = 28
g. 79 - 32 = 47
h. 57 - 51 = 6
i. 88 - 44 = 44
j. 63 - 23 = 40
k. 86 - 14 = 72
l. 53 - 32 = 21
m. 85 - 21 = 64
n. 51 - 20 = 31

o. 42 - 28 = 14
p. 71 - 56 = 15
q. 36 - 32 = 4
r. 97 - 60 = 37
s. 69 - 37 = 32
t. 98 - 34 = 64
u. 87 - 28 = 59
v. 69 - 43 = 26
w. 46 - 41 = 5
x. 77 - 63 = 14

Page 30
a. 57 - 47 = 10
b. 75 - 23 = 52
c. 53 - 17 = 36
d. 49 - 26 = 23
e. 62 - 56 = 6
f. 63 - 33 = 30
g. 72 - 12 = 60
h. 88 - 24 = 64
i. 84 - 19 = 65
j. 92 - 14 = 78
k. 65 - 36 = 29
l. 42 - 30 = 12
m. 71 - 59 = 12
n. 30 - 18 = 12
o. 42 - 38 = 4
p. 86 - 63 = 23
q. 96 - 45 = 51
r. 61 - 15 = 46
s. 79 - 54 = 25
t. 95 - 48 = 47
u. 77 - 70 = 7
v. 44 - 16 = 28
w. 36 - 24 = 12
x. 73 - 30 = 43